on.

ositions Internationales

1872.

irie et Imprimerie.

Rapport de M. G.

Q

EXPOSITIONS INTERNATIONALES.

LONDRES 1872.

LIBRAIRIE ET IMPRIMERIE.

RAPPORT DE M. G. MASSON,

PRÉSIDENT DU CERCLE DE LA LIBRAIRIE, DE L'IMPRIMERIE, ETC.

Les industries qui composent la classe que le règlement anglais range sous le titre de *Paper, Stationery and Printing*, sont de celles où l'intérêt personnel du fabricant paraît d'abord être le moins en jeu pour le décider aux sacrifices et aux dérangements que comportent les expositions.

Une exposition de livres ou de gravures, avec quelque goût qu'elle soit agencée, ne peut jamais en effet exercer sur la foule des visiteurs un attrait de nature à populariser les produits de l'exposant.

Les lettrés seuls s'approchent des tables où sont rangés les objets soumis à leur appréciation, et ceux-là ont d'ailleurs bien des moyens, avec la facilité des rapports internationaux, de voir et de connaître des ouvrages dont ils ne pourraient, dans un rapide examen, que juger l'ensemble sans à peine en retenir les titres.

Est-ce à dire que les expositions de librairie soient sans intérêt, et que les industriels doivent les déserter?

Telle ne peut être notre pensée.

Sans parler de l'activité intellectuelle dont le développement de la librairie témoigne chez une nation, le commerce des livres constitue, au point de vue industriel, une branche de production importante, faisant pour la France l'objet d'un commerce considérable, et dont les représentants ont tout intérêt à s'affirmer chaque fois que l'occasion leur en est fournie.

Aussi, lorsque MM. Gauthier-Villars et Levasseur furent chargés par le Commissariat général de faire appel à la librairie et à la typographie françaises, le Cercle de la librairie, de l'imprimerie et de la papeterie, qui réunit la plupart des représentants de l'industrie du livre, s'empressa-t-il de leur offrir son concours et de faciliter, par une large intervention, l'organisation d'une exposition qui pût être digne de l'importance de cette branche de l'industrie nationale.

Le Commissariat, de son côté, se montra d'une bienveillance toute spéciale. Par ses soins, nos produits trouvèrent à l'arrivée à Londres une installation des plus favorables et qui n'a pas peu contribué à appeler autour des pupitres occupés par les exposants français un public constamment nombreux et empressé à feuilleter les ouvrages qui y étaient déposés.

La classe XII de la section française avait réuni 44 exposants :

26 imprimeurs et libraires;
4 imprimeurs lithographes ou en taille-douce;
1 fabricant de machines;
3 fabricants d'encre;
5 graveurs;
4 fabricants d'objets de papeterie et de fantaisie;
1 imprimeur sur tissus.

C'est donc la fabrication du livre (imprimerie et librairie) qui en formait, au point de vue de la France, le principal intérêt.

C'est à elle que nous nous attacherons surtout dans ce coup d'œil rapide.

Une exposition de livres peut être envisagée à deux points de vue bien distincts, et que, dans les concours internationaux antérieurs, on nous paraît avoir trop souvent confondus, celui de l'*édition* et celui de la *fabrication*.

Depuis longtemps, en effet, et sauf quelques remarquables exceptions, les deux industries d'*éditeur* et d'*imprimeur* tendent de plus en plus à se fixer dans des mains différentes; et chacune, exigeant des aptitudes diverses tout en concourant à un même but, suffit à tenter et à absorber l'activité de ceux qui s'y consacrent.

Le temps n'est plus où l'imprimeur, avec quelques ouvriers de choix, un matériel peu important et quelques presses à bras, suffisait à la production de ces ouvrages qui, aujourd'hui encore, font l'admiration des bibliophiles. Son atelier doit répondre aux exigences les plus diverses, mettre à la disposition de ses clients une quantité pour ainsi dire illimitée de caractères, destinés à s'user rapidement par les grands tirages et le clichage, pendant que ses machines doivent atteindre à une perfection qui va chaque jour croissant, et réaliser en même temps ces tours de force de vitesse et de bon marché que nécessitent la librairie et le journalisme. Ajoutons enfin à tous ces soins les relations, de jour en jour plus difficiles, avec le personnel qu'il emploie.

L'éditeur, de son côté, pour alimenter ces immenses usines, conçoit ces vastes entreprises qui popularisent la science et la littérature ; il doit suivre, quelquefois prévenir et même diriger le goût du public, choisir pour chaque œuvre la forme qui convient, en concerter avec l'auteur l'illustration, enfin en amener le débit par l'étendue des débouchés de sa maison ; et, si le libraire n'est que le metteur en œuvre de la pensée d'autrui, qui peut nier l'importance que peut avoir souvent son habileté sur la diffusion plus rapide du livre qu'il édite ?

Comment donc mettre en balance et comparer deux mérites si différents ? Dans deux vitrines se trouvent souvent presque côte à côte deux exemplaires du même livre soumis au concours, l'un par l'éditeur qui l'a publié, l'autre par l'imprimeur chargé de l'imprimer, tandis qu'à quelques pas le graveur expose les fumées des bois qui y sont reproduits, le lithographe les planches qui l'accompagnent. Auquel de ces exposants le jury doit-il donner la principale récompense ?

A Londres, les jurés, s'il y avait eu un concours, n'auraient pas éprouvé cet embarras. Tous les exposants étaient éditeurs des livres qu'ils avaient envoyés à Londres. Neuf d'entre eux avaient, en outre, imprimé ces ouvrages sur leurs propres presses, réunissant dans une même main les deux mérites que nous venons d'essayer de définir.

IMPRIMEURS-ÉDITEURS.

A leur tête nous trouvons MM. Mame et fils, de Tours, dont l'exposition de 1867 est encore présente à tous les souvenirs. Nous revoyons avec plaisir quelques-uns des magnifiques ouvrages qui leur ont mérité alors la plus haute récompense. L'activité de MM. Mame ne s'est, depuis lors, pas ralentie ; ils continuent, notamment, leur belle collection des grands classiques français ornés de vignettes à l'eau-forte, qui constituent assurément un des modes d'illustration les plus appropriés aux ouvrages sérieux.

L'un des caractères principaux de l'immense établissement de MM. Mame est qu'il est à la fois organisé pour la production d'œuvres de grand luxe, comme *la Touraine*, *la Bible* de Doré et tant d'autres, et pour la fabrication d'ouvrages d'éducation qui sortent, tout reliés et prêts à vendre, de leurs mains dans des conditions d'extrême bon marché.

L'œuvre de MM. Mame ne peut d'ailleurs être appréciée en quelques lignes, et demanderait un plus vaste cadre que celui dont nous disposons. Son influence moralisatrice ne s'étend pas seulement à la masse des lecteurs auxquels s'adressent les livres que cette maison produit ; elle se fait sentir plus directement encore par le grand exemple d'un établissement sans rival en Europe, et dont les chefs ne négligent jamais l'aisance et le progrès moral de tout le personnel qu'ils emploient.

M. Jouaust ne s'adresse qu'aux gourmets de la typographie; ses éditions, presque toutes d'un petit format, ne comportent qu'un tirage limité.

M. Jouaust est, en effet, l'un de ceux qui ont donné le plus d'extension à la typographie archaïque qu'avaient commencé à populariser, en France, les éditions de Perrin, de Lyon, et celles de Janet. En cela, il ne s'est pas montré seulement un typographe habile; il a été aussi un éditeur intelligent. Se consacrant de préférence à la reproduction des anciens auteurs français, il a été heureusement inspiré dans le choix des ouvrages qu'il rééditait comme dans celui des éditions qui lui ont servi de type : il a su apprécier avec sûreté la clientèle acquise à chacune de ses publications, pour y proportionner les tirages, et par conséquent les prix de vente; sa réussite a encouragé d'autres éditeurs à le suivre dans la même voie, et de la sorte un public s'est peu à peu formé pour ces jolies éditions, parmi ceux-là même qui, autrefois, ne faisaient aucun cas des livres une fois qu'ils étaient lus; chaque jour deviennent ainsi plus faciles, au grand profit du bon goût et même des lettres, des entreprises qui n'auraient autrefois rencontré que de l'indifférence.

Si nous insistons sur ce point, c'est qu'au point de vue où nous nous plaçons et en appréciant les travaux d'un éditeur, il n'est pas inutile d'en constater les résultats pratiques, comme sanction de la valeur de ses conceptions.

Mais M. Jouaust a le droit d'aspirer à une gloire plus élevée : il a su, en effet, justifier le titre d'*éditions de bibliophiles* qu'il donne à ses livres. Les caractères qu'il emploie, comme ceux dont M. Perrin avait fait l'essai à Lyon, sont gravés d'après ceux du xvi° siècle; les lettres ornées et les fleurons sont choisis et employés avec goût; les encadrements, les titres tirés en rouge, qui donnent à un livre tant d'originalité, sont appliqués par lui de la façon la plus heureuse; enfin il a complété son exhumation des anciens modèles par l'emploi du papier vergé à la forme, et est en cela parfaitement secondé par les fabricants auxquels il s'adresse, et il réserve en outre aux amateurs, qui se les disputent, des exemplaires de choix sur papier Wathmann, sur papier de Chine, sur parchemin ou sur vélin.

M. Jouaust a été dernièrement honoré d'une haute distinction, que la presse et ses confrères ont accueillie comme la juste récompense des services qu'il a rendus à la typographie dans le genre spécial qu'il a choisi.

Bien que MM. Godchaux et Cᵉ n'eussent envoyé à Londres que quelques mètres enroulés de cahiers d'écriture, leur exposition était pour le visiteur attentif une des plus intéressantes, et, quoiqu'ils ne soient pas *typographes,* leur place nous paraît marquée parmi les éditeurs-libraires.

Chacun sait quelle consommation il se fait annuellement, en France, de cahiers d'écriture. Et c'est rendre un vrai service à l'enseignement que d'en améliorer la fabrication, soit au point de vue de l'exécution, soit au point de vue du bon marché.

MM. Godchaux ont résolu les deux problèmes.

Ils obtiennent, avec l'avantage inappréciable de la gravure en taille-douce, qui est celle qui convient le mieux à ces modèles, la rapidité et le bon marché du tirage typographique.

Leurs modèles sont gravés en creux sur des cylindres en cuivre.

La presse qu'ils emploient a pour point de départ la presse à imprimer les tisssus; seulement la machine est double, pour obtenir dans une même opération les deux côtés de l'impression.

Le papier en rouleaux d'une grande longueur, et tel qu'il sort de la machine, est conduit par la presse sur un cylindre gravé en creux, qui, au sortir d'un bain de couleur, ne conserve, grâce à l'action de la râcle, d'encre que dans les parties gravées, et la dépose sur le papier au moment où il est pressé entre le rouleau et un cylindre garni d'étoffe.

Puis, séché dans son trajet au moyen de petits becs de gaz qui échauffent l'air qu'il traverse, il vient imprimer son autre face sur un autre cylindre avec une perfection de registre absolue.

Enfin il arrive au couteau, qui le divise en feuilles, prêtes à être façonnées.

MM. Godchaux font graver chez eux les cylindres qui portent les modèles; ils fabriquent l'encre spéciale nécessaire pour ce genre de tirage; ils impriment, façonnent et vendent par millions les cahiers dessinés d'après leur méthode, tant pour la France que pour l'étranger.

C'est donc une industrie entièrement complète, puisque, sauf le papier, ils produisent tout ce qui l'alimente; et elle a, en outre, le mérite de leur être toute personnelle.

Avec MM. Delalain et fils, Mme veuve Belin, MM. Gauthier-Villars, Eugène Lacroix, Dumaine, Meyrueis, nous retrouvons la typographie moderne très-bien comprise et appropriée au but que l'on se propose : donner des éditions correctes, d'une lecture facile, et au meilleur marché possible.

MM. Delalain et Mme veuve Belin se consacrent principalement à l'enseignement. Le nom des premiers est l'un des plus anciens, des plus estimés, et toujours digne de l'être, de la typographie et de la librairie parisiennes; Mme Belin, dont la maison plus moderne s'était rapidement développée, a donné un exemple de persévérance et d'activité commerciale en rétablissant en quelques mois tout un grand établissement et un matériel considérable détruits par le feu prussien pendant la guerre de 1870.

M. Dumaine est à la tête d'une spécialité importante, celle de la librairie militaire. Il a exposé, à côté d'une collection de manuels, de théories et d'imprimés administratifs, quelques beaux ouvrages d'art militaire avec des cartes et des plans bien exécutés.

M. Gauthier-Villars est toujours sans rival pour l'impression des ouvrages de mathématiques. Cette spécialité exige un matériel coûteux et varié pour répondre à tous les besoins des formules algébriques, un personnel d'ouvriers expérimentés et fidèles à leur atelier, enfin une correction particulièrement attentive et intelligente. Les cinq volumes in-4° publiés des œuvres de Lagrange sont un modèle du genre.

M. Lacroix, éditeur des *Annales du génie civil* et de toute une bibliothèque technologique et professionnelle, n'imprime pas tous les livres qu'il édite; mais il est depuis quelques années propriétaire d'une imprimerie importante, et à ce titre mérite d'être placé dans cette catégorie.

M. Meyrueis a une spécialité d'éditions protestantes. Ses livres, tous imprimés par lui, sont à tous points de vue satisfaisants.

M. Baudry n'est pas imprimeur; il convient cependant, à un certain titre, de le classer avec les *éditeurs fabricants*.

Dans la spécialité de sa maison, en effet (*Architecture et art de l'ingénieur*), les planches qui accompagnent le texte sont le plus souvent, au point de vue matériel, la partie la plus importante de la publication; or ces planches, ou du moins la plupart d'entre elles, sont gravées sur pierre et imprimées dans l'établissement que M. Baudry a créé à Liége à cet effet. La bonne organisation de cet atelier, l'habileté des ouvriers et la main-d'œuvre beaucoup meilleur marché permettent à ses produits de rivaliser avec ceux si remarquables que font en France MM. Avril ou Erhardt et que nous retrouverons dans les livres de plusieurs de ses concurrents.

M. Baudry n'est pas le seul qui ait dû chercher hors de France le moyen d'exécuter à moins de frais de grands travaux dont la conception est cependant française et qui doivent être édités à Paris.

La lithographie, le coloris, et même l'impression typographique, se font en effet, en Belgique, à un prix moins élevé qu'en France. Nous ne pouvons espérer de voir bientôt les salaires rivaliser chez nous avec ceux de nos voisins, puisqu'ils tendent au contraire à s'élever chaque jour;

mais hâtons-nous d'ajouter que, dès que la production doit être mécanique, dès qu'il s'agit de tirage à grand nombre, l'outillage de nos imprimeurs nous fait, dans la plupart des cas, reprendre l'avantage. Il n'y a donc pas à craindre de voir l'industrie nationale perdre de ce fait un terrain bien notable.

Ces considérations, du reste, nous feraient sortir du cadre étroit que nous nous sommes imposé. Nous reviendrons donc à M. Baudry en constatant que les publications envoyées par lui à Londres, sur l'architecture, les mines, les chemins de fer, etc., sont nombreuses et importantes, qu'elles sont exécutées avec soin dans tous leurs détails, texte, tableaux, gravures sur bois, planches en noir et en couleur, et qu'elles justifient l'excellente notoriété de sa maison.

ÉDITEURS.

Nous avons terminé avec les imprimeurs-éditeurs et ne rencontrerons plus que des libraires-éditeurs.

Chez ceux qui vont suivre, la part de la fabrication proprement dite est cependant considérable encore. Presque tous, en effet, publient des livres illustrés, et font exécuter, par des artistes travaillant isolément et sans autre intermédiaire, les bois, les planches en taille-douce, les lithographies qui doivent servir à ces illustrations.

A ce point de vue, la maison Morel et Cie, dirigée aujourd'hui par M. Des Fossez, mérite une mention toute spéciale.

M. Morel a su donner au commerce des livres d'architecture un développement dont ce genre de livres paraissait à peine susceptible.

Commençant de la façon la plus modeste, mais vendeur aussi actif qu'il était fabricant habile, M. Morel, heureusement secondé par les hommes éminents dont le nom figure encore sur son catalogue, a réuni en quelques années dans ses mains un nombre considérable d'œuvres importantes, et dont plusieurs sont de véritables chefs-d'œuvre d'exécution ; les Dictionnaires de M. Viollet-le-Duc pour les gravures sur bois, la Monographie de Fontainebleau pour la taille-douce, l'Art arabe et l'ornement russe comme chromo-lithographies, l'Art pour tous, le Manuel de peinture, comme recueils périodiques, etc., sont, entre autres, des exemples de vastes entreprises, auxquelles il a fallu, pour les rendre possibles, les débouchés que M. Morel s'était créés en France et dans toute l'Europe, autant par son activité que par le luxe de ses publications.

MM. Morel et Cie ont fait partie des rares exposants qui avaient, dès mars 1871 et au milieu de difficultés sans nombre, répondu à l'appel que leur adressait le Commissariat général, et tenu à représenter la France à l'Exposition internationale. L'attention de la presse anglaise et du public l'a récompensé des efforts que lui avait inspirés son patriotisme.

M. Dunod, libraire des ponts et chaussées, des mines, et digne représentant d'une librairie technologique, déjà fort ancienne, a, lui aussi, pu envoyer à Londres une belle série de planches empruntées aux ouvrages qu'il édite.

Les Annales des mines, les Annales des ponts et chaussées, sont deux publications périodiques estimées et connues partout.

M. Dunod, à côté d'ouvrages de l'art de l'ingénieur d'une bonne exécution, a récemment édité plusieurs ouvrages pour l'enseignement des sciences dans les lycées, dont le luxe a été fort remarqué.

MM. Delagrave et Cie ont l'un des catalogues les plus importants de livres classiques, et ne négligent aucun soin pour leur fabrication.

Tous ceux qui concernent les sciences sont illustrés de bonnes gravures sur bois.

Depuis quelque temps, MM. Delagrave ont entrepris, sous la direction de M. Levasseur, toute une série de livres et de matériel pour l'enseignement de la géographie. Quelques spécimens ont déjà pu figurer à Londres, en attendant la collection plus complète qu'ils annoncent devoir adresser à Vienne.

M. Hetzel a droit à une place parmi les créateurs d'un genre de librairie.

Il y a bien des années que M. Hetzel a commencé à marcher à la tête des éditeurs de goût, sachant faire un livre et ne négligeant rien pour que l'œuvre fût complète. Mais ce n'est pas de cela que nous le louerons aujourd'hui. Nous irons chercher dans son exposition ces charmants albums illustrés par Fröhlich, et tant d'autres, avec lesquels il distrait toute une génération d'enfants; ces livres où la science ne s'abrite derrière le merveilleux que pour mieux atteindre son but : instruire sans cesser d'amuser.

M. Hetzel mérite les plus grands encouragements pour toute cette série d'ouvrages destinés à la jeunesse et pour sa collection de livres d'étrennes.

Nous mentionnerons rapidement, afin d'éviter les redites :

La librairie agricole de la Maison rustique, pour sa série d'ouvrages spéciaux;

MM. Didier et Cⁱᵉ, pour leurs ouvrages de littérature;

MM. Guillaumin et Cⁱᵉ, pour leur bibliothèque d'économie politique;

M. Germer-Baillière, pour ses livres de médecine soigneusement illustrés, ses *revues* et ses ouvrages de philosophie et de littérature.

Dans la vitrine de chacun d'eux, il nous serait facile de trouver plus d'un ouvrage s'élevant, comme mérite d'exécution, au-dessus de la moyenne que comportent ces publications d'un genre sérieux.

Tous ces éditeurs, s'adonnant à des spécialités bien définies, apportent d'autant plus de soin à leur fabrication, et mettent des relations d'autant plus étendues au service des auteurs dont ils éditent les œuvres.

La librairie Renouard continue toujours avec le même zèle et les mêmes qualités d'exécution l'histoire des peintres de Charles Blanc.

La librairie de M. Rothschild, après avoir su utiliser de la façon la plus intelligente pour des publications scientifiques les illustrations qu'elle recueillait à l'étranger, crée aujourd'hui de toutes pièces, à côté des œuvres importantes comme le sont, par exemple, *les Promenades de Paris*, toute une série de petits ouvrages remarquables par leur originalité et leur bon goût.

La librairie Bachelin-Deflorenne nous a fait revoir, à côté de ses remarquables publications pour les bibliophiles, quelques-uns des beaux livres qu'elle a acquis de M. Curmer, et dont elle fait revoir les pierres de façon à retrouver et quelquefois à dépasser la pureté et le fini des premiers tirages.

La *Gazette des beaux-arts*, qui exposait sous son nom, présentait un type remarquable d'une belle publication, illustrée de bois très-bien gravés et de belles eaux-fortes.

La librairie Furne, Jouvet et Cⁱᵉ possède un fonds des plus riches en gravures. Elle l'accroît chaque jour par l'activité de son chef. Il convient de signaler *les Merveilles de la science*, de M. Figuier, comme type d'un ouvrage de vulgarisation scientifique à bas prix et dans des conditions presque luxueuses.

M. O. Lorenz n'a envoyé à l'Exposition qu'un seul ouvrage, dont il est à la fois l'auteur et l'éditeur : c'est le Catalogue général de la librairie française de 1840 à 1865, œuvre éminemment utile, conçue sur un plan à la fois bibliographique et biographique.

Ce livre, et c'est pour cela que nous terminons par lui, est l'histoire vivante de la librairie française depuis vingt ans, le résumé des efforts de tous ceux que nous venons de citer et en même temps de tant d'autres qui, pour n'avoir pas contribué à l'éclat de cette Exposition, n'en font pas moins honneur à la typographie française.

Ainsi que nous l'avons dit en commençant ce rapide examen, la librairie et l'imprimerie typographique n'étaient pas seules représentées à Londres.

Un imprimeur en taille-douce, M. Chardon, avait envoyé deux cadres qui renfermaient des épreuves remarquables. C'est avec une réelle satisfaction que nous avons constaté, parmi les épreuves dignes de la grande réputation de cette maison dont M. Chardon continue les traditions, quelques planches imprimées pour le compte des éditeurs anglais. C'est là un hommage précieux rendu à l'habileté de nos imprimeurs.

M. Chardon a réuni depuis quelque temps à sa maison celle de son cousin, connue par l'excellence de ses tirages en manière noire, et maintient à la même hauteur cette spécialité.

MM. Avril frères et Wübrer ont amené la gravure sur pierre à une grande perfection en France. Ils avaient adressé quelques spécimens remarquables de cartes et plans gravés par eux.

La *chromolithographie* était représentée par M. Hangard-Maugé, qui avait envoyé une magnifique reproduction du tableau d'autel des frères Van Eyck.

M. Th. Dupuy, faisant principalement de la chromolithographie à la machine, apporte un appoint considérable à cette illustration commerciale, que l'habileté des artistes, la précision du tirage convertissent de plus en plus en véritables aquarelles, tendant ainsi à transformer l'imagerie en œuvre d'art; mais il mérite surtout d'être remarqué pour ses reproductions, faites avec une fidélité qui peut tromper même un œil exercé, de tableaux à l'huile par la chromolithographie.

La gravure et le dessin avaient leurs représentants spéciaux : M. Bescherer, graveur sur bois; M. Chaumont et M. Perot, tous deux dessinateurs-graveurs et auteurs de très-beaux dessins d'industrie et de mécanique.

Nous devons une mention spéciale aux procédés de reproduction, par la paniconographie, de MM. Yves et Barret ; ces procédés rapides et économiques rendent aux journaux et à l'industrie les plus grands services, et, en outre, MM. Yves et Barret sont des premiers qui parviennent à appliquer d'une façon industrielle les procédés héliotypiques appelés à un si grand avenir, mais qui sont presque tous encore dans la phase des essais et des recherches.

On sait que, sous le nom de *paniconographie,* on entend le report direct sur zinc, pour les tirer en typographie, des dessins faits directement par l'artiste sur pierre ou sur papier à report.

MM. Yves et Barret, au moyen d'un procédé dont ils gardent le secret, reportent également, pour arriver au même résultat, des épreuves photographiques, ce qui leur permet naturellement de réduire ou d'augmenter

les_dessins qui leur sont donnés, et même quelquefois de procéder directement d'après nature, ou tout au moins d'après des planches déjà gravées
sur bois ou en taille-douce.

La partie la plus remarquable de l'Exposition internationale se trouvait
sans contredit dans la galerie des machines où fonctionnaient les presses
lithographiques et typographiques, et où étaient représentés et mis en
pratique devant le public plusieurs des procédés héliographiques arrivés
à un emploi industriel.

Là encore, et bien qu'elle ne fût représentée que par un seul exposant,
la France était loin de se laisser devancer. La foule s'arrêtait chaque jour
devant la magnifique machine dite *machine rotative*, et qui imprimait le
journal anglais *l'Écho*, en fournissant 20,000 exemplaires à l'heure.

Il est difficile de donner une description écrite d'une machine qui,
quoique simple dans son ensemble, n'en exigerait pas moins des détails
techniques minutieux.

Les avantages principaux consistent dans la facilité de la mise en train,
dans la suppression d'un margeur sur deux, dans la régularité de l'en-
crage, dans l'addition de couteaux qui séparent les feuilles encore sur la
machine (chaque feuille est double et comprend par conséquent deux
exemplaires du journal), enfin dans le système de distributeur qui dégage
les feuilles tirées.

Cette presse, qui depuis a encore été perfectionnée pour imprimer le
papier continu, compte trente et un acquéreurs, dont dix en Angleterre.

M. Marinoni avait exposé également une machine à labeurs pour
vignettes et ouvrages de luxe.

Pour rester fidèle à notre plan et nous renfermer dans ce qui concerne
la fabrication du livre, nous ne pouvons que mentionner l'exposition de
MM. Blanzy-Poure et Cie, fabricants de plumes; de MM. Antoine père
et fils, et Devillers, fabricants d'encres; de MM. Rohaut et Hutinet, et
de M. Rimmel.

Les produits de M. Lorilleux, fabricant d'encres typographiques, rentrent
mieux dans le cadre que nous nous sommes tracé.

La bonne qualité des encres est une des conditions les plus importantes
d'un bon tirage d'abord, et ensuite de la conservation d'un volume.

La qualité des produits employés, l'exactitude des mélanges, doivent
être l'objet de soins continus.

M. Lorilleux, dont la maison date déjà d'un grand nombre d'années,
a établi près de Paris une fabrique importante, qui répond à tous ces

problèmes, aussi bien pour les encres noires que pour les encres de couleur, aussi bien pour l'encre à journaux que pour l'encre à vignettes. Les magnifiques gravures tirées par Claye, qu'il nous donne comme spécimen, témoignent de la perfection à laquelle un imprimeur peut atteindre avec ses produits.

Les encres de M. Lorilleux soutiennent, avec les produits anglais, une concurrence active sur le marché étranger.

Ce compte rendu eût été plus complet s'il nous eût été permis d'aborder l'étude des produits exposés par les autres nations. Un tel travail nous eût entraîné bien au delà du cadre qui nous était tracé.

Ce rapide examen montrera du moins que les exposants français de la classe XII ont répondu à ce que la Commission attendait d'eux; ils ont prouvé que, dans cette branche comme dans toutes les autres, la production de notre pays, un instant paralysée, a bien vite repris toute son activité.

G. MASSON,
Président du cercle de la librairie, de l'imprimerie, etc.

IMPRIMERIE NATIONALE. — 1873.